记住乡愁

——留给孩子们的中国民俗文化

刘魁立◎主编

第十二辑　民间技艺辑

酿造

陈旭东◎著

本辑主编　孙冬宁　沈华菊

黑龙江少年儿童出版社

编委会

序

亲爱的小读者们，身为中国人，你们了解中华民族的民俗文化吗？如果有所了解的话，你们又了解多少呢？

或许，你们认为熟知那些过去的事情是大人们的事，我们小孩儿不容易弄懂，也没必要弄懂那些事情。

其实，传统民俗文化的内涵极为丰富，它既不神秘也不深奥，与每个人的关系十分密切，它随时随地围绕在我们身边，贯穿于整个人生的每一天。

中华民族有很多传统节日，每逢节日都有一些传统民俗文化活动，比如端午节吃粽子，听大人们讲屈原为国为民愤投汨罗江的故事；八月中秋望着圆圆的明月，遐想嫦娥奔月、吴刚伐桂的传说，等等。

我国是一个统一的多民族国家，有56个民族，每个民族都有丰富多彩的文化和风俗习惯，这些不同民族的民俗文化共同构筑了中国民俗文化。或许你们听说过藏族长篇史诗《格萨尔王传》

中格萨尔王的英雄气概、蒙古族智慧的化身——巴拉根仓的机智与诙谐、维吾尔族世界闻名的智者——阿凡提的睿智与幽默、壮族歌仙刘三姐的聪慧机敏与歌如泉涌……如果这些你们都有所了解，那就说明你们已经走进了中华民族传统民俗文化的王国。

你们也许看过京剧、木偶戏、皮影戏，看过踩高跷、耍龙灯，欣赏过威风锣鼓，这些都是我们中华民族为世界贡献的艺术珍品。你们或许也欣赏过中国古琴演奏，那是中华文化中的瑰宝。1977年9月5日美国发射的“旅行者1号”探测器上所载的向外太空传达人类声音的金光盘上面，就录制了我国古琴大师管平湖演奏的中国古琴名曲——《流水》。

北京天安门东西两侧设有太庙和社稷坛，那是旧时皇帝举行仪式祭祀祖先和祭祀谷神及土地的地方。另外，在北京城的南北东西四个方位建有天坛、地坛、日坛和月坛，这些地方曾经是皇帝率领百官祭拜天、地、日、月的神圣场所。这些仪式活动说明，我们中国人自古就认为自己是自然的组成部分，因而崇信自然、融入自然，与自然和谐相处。

如今民间仍保存的奉祀关公和妈祖的习俗，则体现了中国人崇尚仁义礼智信、进行自我道德教育的意愿，表达了祈望平安顺达和扶危救困的诉求。

小读者们，你们养过蚕宝宝吗？原产于中国的蚕，真称得上伟大的小生物。蚕宝宝的一生从芝麻粒儿大小的蚕卵算起，中间经历蚁蚕、蚕宝宝、结茧吐丝等过程，到破茧成蛾结束，总共四十余天，却能为我们贡献约一千米长的蚕丝。我国历史悠久的养蚕、丝绸织绣技术自西汉“丝绸之路”诞生那天起就成为东方文明的传播者和象征，为促进人类文明的发展做出了不可磨灭的贡献！

小读者们，你们到过烧造瓷器的窑口，见过工匠师傅们拉坯、上釉、烧窑吗？中国是瓷器的故乡，我们的陶瓷技艺同样为人类文明的发展做出了巨大贡献！中国的英文国名“China”，就是由英文“china”（瓷器）一词转义而来的。

中国的历法、二十四节气、珠算、中医知识体系，都是中华民族传统文化宝库中的珍品。

让我们深感骄傲的中国传统民俗文化博大精深、丰富多彩，课本中的内容是难以囊括的。每向这个领域多迈进一步，你们对历史的认知、对人生的感悟、对生活的热爱与奋斗就会更进一分。

作为中国人，无论你身在何处，那与生俱来的充满民族文化DNA的血液将伴随你的一生，乡音难改，乡情难忘，乡愁恒久。这是你的根，这是你的魂，这种民族文化的传统体现在你身上，是你身份的标识，也是我们作为中国人彼此认同的依据，它作为一种凝聚的力量，把我们整个中华民族大家庭紧紧地联系在一起。

《记住乡愁——留给孩子们的中国民俗文化》丛书，为小读者们全面介绍了传统民俗文化的丰富内容：包括民间史诗传说故事、传统民间节日、民间信仰、礼仪习俗、民间游戏、中国古代建筑技艺、民间手工艺……

各辑的主编、各册的作者，都是相关领域的专家。他们以适合儿童的文笔，选配大量图片，简约精当地介绍每一个专题，希望小读者们读来兴趣盎然、收获颇丰。

在你们阅读的过程中，也许你们的长辈会向你们说起他们曾经的往事，讲讲他们的“乡愁”。那时，你们也许会觉得生活充满了意趣。希望这套丛书能使你们更加珍爱中国的传统民俗文化，让你们为生为中国人而自豪，长大后为中华民族的伟大复兴做出自己的贡献！

亲爱的小读者们，祝你们健康快乐！

二〇一七年十二月

目录

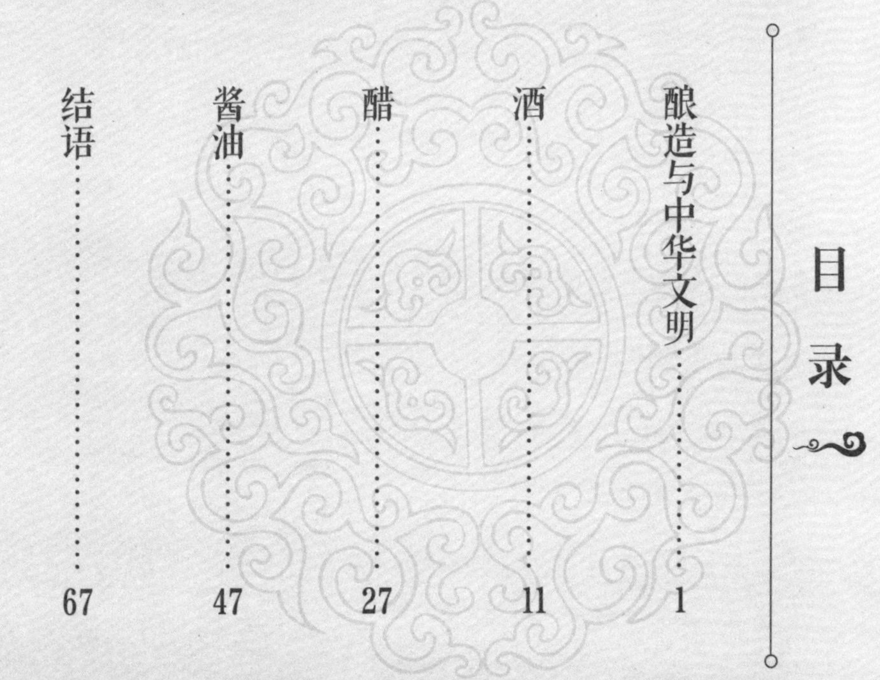

酿造与中华文明

酿造与中华文明

粮食是怎么变成酒的？酒为什么会变成醋？生虫子的酱油是好酱油吗？酱油可以拌饭吃吗？吃酱油会让人变黑吗？……这些问题的答案包含着丰富的科学知识，揭示了大自然的神奇奥秘，也推动了人类酿造技术的发展……下面就让我们一起去寻找这些答案吧。

酿造技术是中国五千年文明史中一颗璀璨的明珠，俗称“发酵”，它通过人工方式将粮食转换成“天之美禄”，是中华民族的伟大发明。酿造技术的出现和发展，对我国酒、豆酱、酱油、食醋、豆豉、饴糖、腐乳等发酵食品的出现起到了积极作用，开创了人类利用微生物制作食品的新纪元，为饮食文化的发展做出了杰出贡献。

通俗地讲，利用粮食自然发酵作用制造酒、酱油、醋的技术叫酿造。

以酿酒为例，我国古代的酒主要是黄酒和白酒，葡萄酒次之。大米、糯米、粳米或黄米等原料经蒸煮、摊凉后，加入酒曲（或酵母）、浸米水搅拌后，在缸内糖化、发酵，发酵完成后进行压榨，压榨出的液体即为黄酒。绍兴黄酒最为有名，有“状元红”“加饭酒”“善酿酒”“香

雪酒”“女儿红”等品种。

白酒的主要原料为高粱，其次为玉米、大米、大麦。采用固态发酵，加入一定数量的稻壳、高粱皮、谷糠等作为疏松剂。原料和疏松剂经蒸煮冷却后，拌入糖化用的酒曲或酵母，放在窖内或

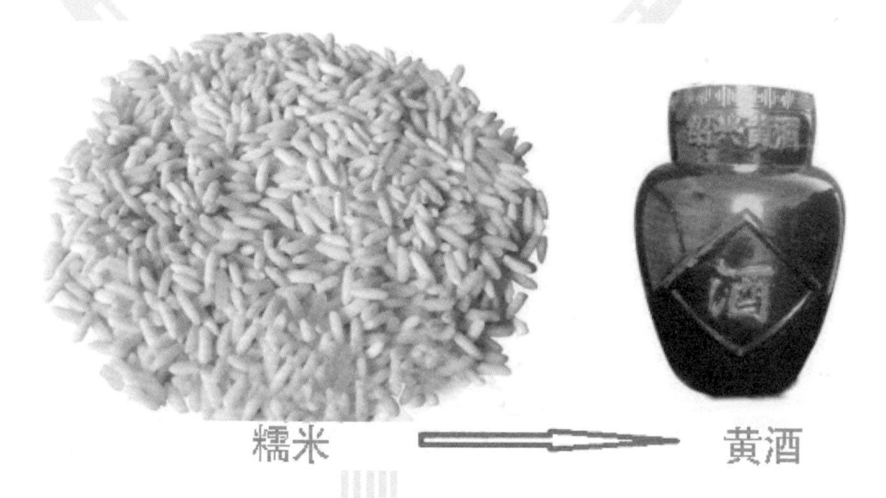

糯米 黄酒

缸内发酵，发酵后再拌入原料和疏松剂进行蒸馏，丢掉一部分酒糟并再次配料、发酵、蒸馏，如此循环往复，蒸馏出的酒在酒窖中陈酿，装瓶前进行勾兑，这就是我们通常饮用的白酒。白酒在香型上分为清香型、浓香型、酱香型、米香型和复香型五个类型。

葡萄酒的制作主要是通过将破碎去梗后的葡萄及果汁，装入大的酒桶中发酵，经酵母作用，葡萄中的糖转变为二氧化碳和酒精，发酵期为数天至数月不等。根据工艺的不同，可制造出红、白、桃红或玫瑰色的葡萄酒。

中华民族最早掌握了酿造技术，在酿造工艺上有

着悠久的历史。

在旧石器时代，以狩猎为生的先民们已经开始将采摘的野生水果或捕获的母畜的乳液酿成果酒或乳酒，这可以说是人类酿造的第一代酒精饮料。

约6000年前，人工谷物酒诞生了——陕西宝鸡出土的陶制酒具充分证明了这一点。《黄帝内经·素问》中的《汤液醪醴[1]论》中记载着一段黄帝与岐伯讨论酿酒的对话（岐伯是陕西岐山人，他既是黄帝的臣子，又是我国中医学始祖）：

黄帝问曰："为五谷汤液及醪醴奈何？"岐伯对曰："必以稻米，炊之稻薪。稻米者完，稻薪者坚。"

这段对话证明，早在炎黄时代，我们的祖先就已经学会用谷物酿酒。并且可以看出，当时酿酒的原料是稻米，经过蒸煮酿成的酒称为"醪醴"。醴，甜酒也，类似于现在的醪糟。值得重视的是，当时的酿造过程已经采用蒸煮工艺，足见当时的酿酒技术已日益成熟。

西周是我国酿酒技术和酒文化飞跃发展的时期。西周酒业的发展状态奠定了中国酒业的两个发展方向：一是用酒曲发酵，从古至今，这是中国的国酒——黄酒和白酒，与用菌种发酵的酒类在生产工艺上的根本区别；二是把酿酒和饮酒、用酒都纳入法制化、礼仪化的轨道，大大增加了酒的精神文化价值，减少了其负面作

① 醪醴（liáo lǐ）：醪，浊酒；醴，甜酒。

用。几千年来，中国的酒虽然在发展过程中历经无数次的变化，但是万变不离其宗，始终沿着这两个方向不断变革，曲折发展，逐步完善。

醋是中国传统的调味品。据现有文献记载，中国古代劳动人民以酒作为发酵剂来酿制食醋。中国的酿醋史至少有3000年。醋古称“醯”“酢”“苦酒”等。“酉”是“酒”字的一部分，说明了醋起源于酒。早在西周时期，王室中已有了“酢人”，专管王室中酢的供应。周公所著《周礼》一书中，就有“醯人掌共五齐、七菹，凡醯物”的记载，醯人就是周王室掌管“五齐”“七菹”的官员，所谓“五齐”是指中国古代酿酒过程中分为五个阶段的发酵现象，醯人必须熟悉制酒技术才能酿造出醋。醯人的官制规模在当时仅次于酒和浆，这说明醋及醋的相关制品在帝王日常饮食生活中的重要地位。到了南北朝时期，酿醋工艺更趋完美，食醋生产有了很大的发展，北魏农学著作《齐民要术》中专门记载了“作酢法”，对醋的

古代酿造的场景

古代的酿造场景

酿造方法进行了详细记载。

由于原料、工艺及饮食习惯的不同，各地醋的口味相差很大。历史较悠久的应属始于公元936年的保宁醋。保宁醋产于今四川阆中，有酸味柔和、醇香回甜的特点。近年来，随着川菜的流行而畅销全球，并有了“离开保宁醋，川菜无客顾”的说法。在中国北方，最著名的醋种当属诞生于明朝的山西老陈醋。山西人以“爱食醋”而闻名全国，在当地有“缴枪不缴醋”的笑谈。此外，较为有名的醋还有浙江米醋、河南特首醋、镇江香醋等。

酱在我国最早也称作“醢”，需要注意的是，醢就是古人对肉酱的称呼，如《韵会》中曾记载：“醢，肉酱也。又豉酱。又菜茹亦谓之酱。”醢主要由动物性原料制成这一点，在《礼记·内则》也有所记载（濡鸡醢酱，需鱼卵酱），随着时代的发展，植物性原料逐渐增多，实现了从“醢”到“酱”的演变。较早记载“以豆合面而为之”的酱的史料出现在西汉史游所著的《急就篇》中，而它的起源应该还要更早，至少应在周朝。

酱油由酱演变而来，著名生物化学家黄兴宗认为《齐民要术》里所指的“豆酱清”，可能是植物酱油的前身。“酱油”一词最早出现在南宋的两本著作中：《山家清供》记载用酱油、芝麻油炒鱼、虾；《吴氏中馈录》记载用酒、酱油、芝麻油蒸螃蟹。其中《齐民要术》中的记载对我国酱及酱油制作做出了巨大贡献，这是我国酱文化史上的第一次系统总结和记录，具有承前启后的重要历史地位。

中国酿造文化是人们在酿造过程中，逐渐形成的风俗习惯、思想认识、行为方式的总和。如何在新的历史时期展现“酿造”文化一端连着历史记忆，一端连着社会经济的创新发展情怀，如何从大的时空和角度去仔细观察中国文化的历史变迁，这是民族文化传承的历史使命，也是时代赋予我们的责任。

中华民族的酿造技术对人类做出了巨大贡献，它体现了中华民族的高超智慧、技艺和人文精神。从史籍中发掘、梳理我国酿造历史起源的记载，有利于促进酿造文化的开发、利用、传承、保护和交流，对促进酿造行业繁荣发展和塑造企业文化形象，具有十分重要的现实意义和实践价值。

本书旨在通过描述百年老字号秉持的民俗情怀，向广大青少年读者介绍以中国酿造文化为代表的中国饮食文化的产生、发展以及形态规律，这对深入理解中华民族的社会与文化生活具有十分重要的意义。

酒

酒

一、酒的来历

酒的诞生既是偶然，也是必然。

说它偶然，是因为在猿猴造酒和杜康造酒的传说中，酒的诞生过程具有一定的偶然性。

《清稗类钞·粤西偶记》中记载：

“粤西平乐等府，山中多猿，善采百花酿酒。樵子入山，得其巢穴者，其酒多至数石。饮之，香美异常，名曰猿酒。”

《紫桃轩杂缀·蓬栊夜话》中也曾记载：

“黄山多猿猱，春夏采杂花果于石洼中，酝酿成酒，香气溢发，闻数百步。”

酒是由一种名叫酵母菌的微生物分解糖类产生的。酵母菌是一种在大自然中分布极其广泛的菌类，尤其在一些含糖分较高的水果中更容易繁衍滋长。山林中的野生水果是猿猴的重要食物。猿猴会在水果成熟的季节，贮藏大量水果于石洼中，堆积的水果受到酵母菌的作用而发酵，产生一种被后人称为“酒”的液体。因此，猿猴在偶然间“造”出了酒。

还有一种传说是杜康“有饭不尽，委之空桑，郁结成味，久蓄气芳，本出于代，不由奇方”。意思是杜康将未吃完的剩饭放置在桑园的树洞里，剩饭在树洞中经过发酵后，发出有芳香的气味。可见，酒的做法并没有什么奇异的技术。

故曹操有诗曰：“何以解忧，唯有杜康。”自此杜康被世人公认为酿酒的鼻祖。这两种传说都表明酒是神奇的大自然在不经意间给人类创造的惊喜。酿酒的过程存在着很大的偶然性。

说它必然，是由于随着生产力的发展，粮食充裕，再加上制作精良的陶制器皿的出现，使有目的的人工酿酒成为可能。

根据仰韶文化时期（公元前5000—前2300年）的农具，我们可以猜测当时的农业发展已有了雏形，这为人类利用谷物酿酒提供了可能。《中国史稿》认为，仰韶文化时期是谷物酿酒的萌芽期。当时是用蘖（发芽的谷粒）酿酒。在中国龙山文化（公元前2800—前2300年）遗址出土的陶器中，发现了樽、盉、壶等酒器，反映了酿酒文化在当时已十分盛行。

中国是最早掌握酿酒技术的国家之一。中国古代在酿酒技术上的一项重要发明，就是使用酒曲造酒。酒曲里含有使淀粉糖化的丝状菌（霉菌）及促成酒化的酵母菌。利用酒曲造酒，使淀粉质原料的糖化和酒化两个步骤结合起来，造酒技术也因此取得了很大的进步。中国人从自发地利用微生物到人为地控制微生物，利用自然条件选优限劣、制造酒曲这一过程，经历了漫长的时期。至秦汉时期，制造酒曲的技术已达到了很高的水平。值得一提的是，中国古代制曲酿酒技术的一些基本原理和方法一直沿用至今。

在发明蒸馏器以前，中国仅有酿造酒（主要是黄酒）。在发明蒸馏器以后，中国传统的白酒（烧酒）民了最具代表性的蒸馏酒。李时珍在《本草纲目》提出了“烧酒非古法也，自元时始创其法”的观点。所以现在人们一般都认为元代才开始有蒸馏酒。

二、酿酒时为何要祭酒神？

中国幅员辽阔，风俗习惯千差万别，但酿酒和祭酒神的风俗习惯，各地却惊人地相似。自古以来，中国就是一个农业大国，百姓对于粮食是发自内心地敬重，所以，酿酒时祭酒神实为敬天地，人们希望能得到上天的眷顾，从而带来好运。

根据气候、地理环境

的不同，全国祭酒神选择的日期也略有不同，有农历二月初二“龙抬头”祭酒神的（如青海古寨），有九月初九重阳节祭酒神的（如北方的大部分地区），有立冬祭酒神的（如江浙地区）……下面就以绍兴地区立冬祭酒神的民俗为例做一简单介绍。

立冬是表示冬季开始的节气，但对于绍兴地区的人而言，这一天绝不是代表一个节气这么简单，而是所有酿酒人的大日子。按不成文的行内俗约，这一天是酿酒人祭拜酒神的日子，要奉上五牲四果、三茶六酒以及香烛，然后以自己特有的方式来敬天地、祭酒神，祈求冬酿期间风调雨顺，酿出上好的老酒。这已成为一种非物质传统习俗，沿袭至今，长盛不衰。

或许有人会说：“这个过程不就是上上香、摆摆供品、读读祭文、跳跳祭舞、迎迎酒神吗？”我认为说此话的人，定然不懂其中的玄妙：那是酿酒人用自己对天地神明的敬畏之心，来表达即将认认真真酿造醇香美酒的决心，实际上这已成为酿酒人的一种信仰。

黄酒是一种源于中国的粮食发酵酒，它的制作工艺独特：麦曲酿酒、多菌种共酵、开敞式发酵……其复杂程度远胜于啤酒和葡萄酒。

酿出好酒需要占尽天时、地利、人和：天时是指上天赐予的适宜酿酒时有益菌种繁育的独特气候；地利是指独特的水质与讲究的用

料；人和是指一代又一代酿酒人传承下来的酿酒技艺。三者相辅相成，缺一不可。

农历七月做酒药、八月做曲麦、九月做淋饭、立冬投料开酿、独特的复式发酵工艺、长达九十余天的发酵期、长时间的存贮……经过一代又一代酿酒师的口授心传，不断创新、不断完善，绍兴酒形成了一套精湛而独特的酿酒技艺。然而即便如此，因为不同的温度、湿度及原料的差异，都会影响酒的质量。酿酒人也不敢保证自己酿出的每一坛酒都是好酒。

因此，每年在立冬这一天，酿酒人都会祭拜酒神。祭拜酒神包含着酿酒人对天地神明的敬畏和善待自然、和谐共处的理念。这是一种信仰，这种信仰也带给酿酒人一种面对困难时恪守规范的力量——做诚实人，酿良心酒，尽人事，听天命。或许正是由于酿酒人自觉恪守着酒规范，所以绍兴酒才能传承千百年，生生不息。如今，此仪式已演变成江南水乡一种独特的民俗，成为绍兴黄酒酿造技艺一次鲜活的表演与展示。

三、武松真的能喝十八碗酒吗?

我们对《水浒传》中武松打虎的描述应该比较熟悉，大家应该还记得武松打虎前在一家挑着写有“三碗不过冈”酒旗的酒店里喝了十八碗酒。后来，武松不仅过了景阳冈，还打死了山冈上危害百姓的吊睛白额虎，一举奠定了其英雄好汉的地位。武松也因为打死了这只老虎，成了阳谷县的都头。

可是很多读者对此有个疑问，连喝十八碗酒，可能吗？现代社会，即便酒量再大的人也无法连喝十八碗酒，难道武松的酒量真的那么好吗？其实，不是武松的酒量好，而是古代的酒和现代的酒完全不是一回事。

酒可以分为两大类：一类是蒸馏酒，一类是非蒸馏酒。白酒就是蒸馏酒；啤酒、黄酒、葡萄酒之类的就是非蒸馏酒。蒸馏酒和非蒸馏酒最大的区别就是酒精度数不一样，由于蒸馏酒通过高温蒸发了酒里的大部分水分，使得蒸馏酒的度数一般比较高，通常在40°以上；而没有经过蒸馏的酒度数都很低，一般为10°左右。

《本草纲目》中记载：

“烧酒非古法也，自元

|武松打虎|

时起始创其法。”

有人提出，这里说的“烧酒”，即蒸馏酒。也就是说，直到元朝，蒸馏酒才出现。

武松是北宋人，这个时候还没有蒸馏酒，只有度数比较低的非蒸馏酒。非蒸馏酒度数一般5°至7°，酒精度不高，和现在的啤酒或甜酒酿差不多，主要作用还是解渴。《水浒传》中就有“给洒家来碗酒解解渴”的说法。武松喝的酒虽然比当时市面上一般的酒要烈些，但根据当时的酿造水平，顶多也就10°。

那武松喝的十八碗酒相当于现在的多少酒呢？那还得看看武松喝酒用是多大的碗，当时武松用的是黑瓷碗，碗口虽大，但碗底浅，容量不大，一碗大概有三两酒。

武松喝了十八碗，大约就是喝了5斤半。这种酒的度数最多为10°，以市面上常见的52°白酒推算，武松喝的这5斤半酒，相当于现在1斤52°的白酒。如果换算成啤酒（现在的啤酒一般为5°），武松相当于喝了10斤（5公斤）啤酒。这种酒量，放到现在也算是豪饮了。

四、酒的药用价值

酒有一定的药用价值，可入药，也可做药引。《本草纲目》中有“酒性善走”（容易吸收）的记载。

我国历代医学家在长期的医疗实践中，认识到酒既是“兴奋剂”，又是高级药物。它是用谷物和酒曲所酿成的流质，其气悍，质清，味苦甘辛，性热，具有散寒滞、开瘀结、消饮食、通经络、行血脉、温脾胃、养肌肤的功用。可以治疗关节酸痛、腿脚软弱、行动不利、肢寒体冷、肚腹冷痛等病症。亦可在处方中，把某些药物用“酒渍”，或“以酒为使”，来引导药物迅速奏效。这使得酒与药有机结合起来，形成了完整的药方。

历代医学家用药酒治病的案例很多。《史记·扁鹊仓公列传》中就有两个病例。一是济北王患病，召请淳于意诊治，淳于意号脉后说：“你患的是‘风蹶胸满’。”于是配制了三石（dàn）药酒给他服用，服用完后病就痊愈了。另一个病例是菑川王美人“怀子而不乳”，淳于意诊后，则用莨菪药一撮，配酒给她饮用，旋即乳生。

药酒还可以预防疾病，

因此民间有用药酒防病健体的传统。如屠苏酒，是用酒浸泡大黄、白术、桂枝、桔梗、防风、山椒、附子等药制成。相传是三国时期华佗所创制。每当除夕之夜，男女老少均饮屠苏酒，预防瘟疫。此酒经唐代扬州名僧鉴真大师东渡，传至日本，备受日本人民推崇。

药酒在古代民间季节性疾病的预防中应用也很广泛。据典籍记载，除夕饮屠苏酒、椒柏酒；端午节饮雄黄酒、艾叶酒；重阳节饮茱萸酒、腊酒、椒酒等。《千金方》有记载：“一人饮，一家无疫；一家饮，一里无

疫。”可见饮用药酒预防疾病的重要性。至今，在我国南方的一些地区还沿用这些风俗。不过，现在的药酒成分已有所改变。如屠苏酒，已改用薄荷、紫苏等药物浸糯米酒酿制而成，一般在正月初七饮用，以辟瘴气。

利用药酒延年益寿也是我国古代人民的一项创造，这在医疗实践中已得到证实。如寿星酒，功用是补益老人，壮体延年等。

以上为酒的内服药用价值，此外，酒还可以外用。

如用白酒进行美容：将整只蛋浸入酒罐内，注意酒淹没蛋，随后密封罐口，浸泡 28 天。晚上临睡前，用蛋白敷面半小时左右，再用清水洗净，每星期做 2 至 3 次，有润肤、美白及防皱的功效。

泡澡时，在洗澡水里加入 100 毫升白酒，可以促进血液循环及新陈代谢，可使肌肤柔软而有弹性，同时对皮肤病和关节炎也有一定疗效。

白酒还可以制成外用药酒，如跌打酒便有“止血生肌，活血祛瘀”之功效。

在日常生活中，白酒几乎处处都能施展其才华，为人类生活增光添彩。如果你的衣物沾上了几点碘酒，涂些白酒进行揉搓，碘酒的痕迹即可消退；如果你苦于玻璃或者眼镜片擦不干净，加一点儿白酒后再擦，保证擦得干净明亮；如果你家里的铜质器物变脏，先将铜器加热至变黑，再趁热放入酒中，随后擦拭即可；如果木地板上留下黑色橡胶磨痕或其他不能用水清除的污痕，也没关系，用软布蘸少许白酒，马上就能搞定。

五、酗酒的危害

中国的酒文化源远流长，从“对酒当歌，人生几何”“把酒问青天”“酒逢知己千杯少”等著名诗句中即可知晓，无论在物质上还是精神上，酒在人们的生活中都有着不可替代的作用。适量饮酒可以加深人们的感情交流，使人们心情愉悦、保持活力，但是无节制地饮酒就变成了酗酒。

人在喝完酒后，会产生一种飘飘然的“快感”，这是酒精进入血液后，大脑血管对酒精相当敏感，出现收缩反应，产生功能障碍，进而出现快感。越是“欢快”越是要喝，自我陶醉，忘乎所以，对“杯中物”爱不释手，就是我们常说的贪杯，长此以往就成了酗酒。

酗酒有什么危害呢？

首先，酗酒对身体有毁灭性的伤害。酒精会损伤口腔黏膜，伤害消化系统，对肝脏的损伤也很大，会导致肝硬化，长期酗酒还会增加心肺的工作负荷，升高血压，不利于健康。

其次，酗酒对家庭有极大的危害。酗酒者往往很难控制自己的情绪和行为，容易引起家庭冲突。所以，酗酒是造成家庭不和、家庭暴力及家庭破裂的重要原因之一。据统计，50%的家庭纠纷是由酒引起的，65%的虐待儿童事件与饮酒有关。此外，我国离婚案件中，与酗酒有关的案件占比达32%。较其他因素高出许多。据调查，很多酗酒者的子女都难以健康成长，辍学者居多，极易走上违法犯罪的道路。

另外，酗酒对社会的危害也非常大。酗酒是一种病态的行为，很容易引发严重的社会问题。

在许多国家，因酗酒引起的各种问题已成为社会的沉重负担。首先是扰乱社会治安，影响公共秩序。据调查，我国每年因酗酒引发的案件高达400万起；我国每年约有10万人死于车祸，而三分之一以上的交通事故与酒后驾车有关。其次，是降低劳动生产率，酗酒者常常误工缺勤，工作质量下降，容易造成生产事故。再次，加重社会负担。醉酒者的暴力行为经常造成自伤、伤人及财物的损失，给社会造成

了极大损失。

我们做任何事情都要有一个度，饮酒也不例外，应追求小饮怡情、小饮益身的境界。

醋

醋

一、醋和酒的关系

醋作为地地道道的“中国孩子”，在古代称“酢”（zuò），我们的邻国日本至今仍用“酢”字来称呼醋，周王室中就有专管酢供应的“酢人”。因此可以推断，在周朝以前，就已经有了醋，我国酿醋的历史至少已有3000年。

前面为大家介绍了我国的传统酒文化，那么你知道我们日常生活中常见的醋和酒有什么关系吗？

据文献记载，最早的醋起源于酒，所以很长一段时

量米入缸浸泡

木桶蒸料

木耙将蒸熟的米饭打散摊凉

间内，醋也被称为“苦酒”。从严格意义上来说，苦酒并不是酒，只能说是一种没有酿好，或者是变质，且味道酸苦的劣质酒，这也就是醋的雏形。

因为曹操的一句“何以解忧，唯有杜康”，让许多人记住了杜康这个传说中的“酿酒始祖”，并将杜康作为酒的代名词。而醋在传说中，是由杜康的儿子黑塔发明的，据说黑塔偶然发现存贮在大缸里酒糟，过了二十天左右，竟然散发出一股从未有过的香味，且味道酸甜，甚是可口。因此便有了“酒醋同源”的说法。先有酒，后有醋，酒和醋的关系就像父与子的关系。

如果你觉得这个传说不太靠谱的话，化学方程式可以更清晰地解释酒和醋的关系，下面是从酒变醋的化学方程式：

C_2H_5OH（乙醇）$+ O_2=$ CH_3COOH（醋酸）$+ 2H_2O$

也就是说，酒精在醋酸菌的作用下氧化，转化成醋酸和水，这就是酒变醋背后的科学道理。

了解了醋和酒的传说故事和科学原理之后，我们再来看一看传统酿醋工艺吧。

经过民间千百年的代代相传，在不同的地域形成了独特的酿醋工艺。无论是被称为中国四大名醋的山西老陈醋、江苏镇江香醋、福建永春老醋、四川阆中保宁醋，还是陕西岐山醋、浙江大红浙醋、处州米醋……虽然它们的酿造工艺和原材料不尽相同，成品口味各具特色。

加曲搅拌

大缸发酵

醋发酵车间

| 打散菌膜 |

| 抽取头醋 |

| 加盐 |

| 压榨 |

| 查看发酵过程 |

| 蒸醋杀菌 |

黄泥封口存放

但是万变不离其宗，所有醋的生产原理都是先将粮食所含的淀粉转化为糖，再将糖转化为乙醇（酒），最后将乙醇转化为乙酸（醋）。

当我们了解这些以后，就能更好地去发掘传统技艺背后的故事，感受古人们的聪明智慧。

二、秦观与处州米醋

在浙江有一个叫作丽水的城市，古时称作处州。“词名天下”的文化名人——秦观，曾在公元1094年被贬谪至此任监酒税。在处州的两年多时间里，秦观创作了很多诗词，描写了处州的秀丽山水，以及其在处州研究酿制技艺、借酒消愁来排遣被贬谪的失意和对黑暗现实的消极反抗，其中以《好事近·梦中作》最为著名：

“春路雨添花，花动一

秦观铜像

山春色。行到小溪深处，有黄鹂千百。飞云当面化龙蛇，夭矫转空碧。醉卧古藤阴下，了不知南北。”

秦观到达处州后，身体一直不适，他听说囿山法海寺住持高僧平阇黎精通医术，便从姜山监酒税署（今莲都区政府)搬出,住进了法海寺，在这段时间里，他为寺庙抄写了七万多字的佛经，与住持结下了深厚的友谊，他曾写有《题法海平阇黎》：

“寒食山州百鸟喧，春风花雨暗川原。因循移病依香火，写得弥陀七万言。”

平阇黎为秦观开出的药方要用上好的酒作为药引，但当时的处州有好水而无好酒，秦观经平阇黎帮助，在寺后柴房潜心研究酿造技艺。他用山泉水和本地碧湖糯米为主料，于公元1095年十月酿成了好酒。不久，

秦观的病逐渐好转，他将自己的酿酒方法传给了处州百姓。从此以后，丽水人民便形成了每年十月酿造黄酒的习俗，所以黄酒有“十月缸”之称。有一次，秦观把酿酒后剩下的酒糟忘在了一口缸里。半年后的一天，秦观偶然路过，突然闻到一股特殊的香味，打开缸盖，一股酸香气扑鼻而来，秦观尝了一口，觉得酸甘可口，回味无穷，这便是后来的处州米醋。

据记载，处州百姓家家汲水而酿，酿出的酒和醋可以驱病健体。为了感谢和纪念秦观，丽水人民于1796年，在万象山崇福寺东侧设神龛刻像，建成秦淮海祠，供百姓祭拜。

三、醋在生活中的小妙用

日常生活中，醋有许多妙用，比如用来洗头可祛除

头皮屑、洗脸可防止肌肤皲裂、泡脚可治疗脚气，处理辣椒和鱼的时候用醋洗手可以减少灼手感和鱼腥味，还可以制作醋泡姜、醋泡大蒜等食品。

醋泡姜具有养胃、减肥、防脱发，防止慢性病，提升人体免疫力的功效。每天早上吃几片“醋泡姜”正成为许多养生人士的首选。吃姜时加醋是很好的养生方法。因为酸味是收敛的，于是姜宣发的力量便被收敛进去了，姜性由此变得平和起来，也不再有姜固有的辣味了。醋是直接走肝经的，肝遇到酸就会收敛，这时姜的升发功能顺势入到肝里，收中有发，能提升肝阳之气。但需要注意的是：早吃姜，补药汤；午吃姜，痨病伤；晚吃姜，损健康。醋在生活中的一些妙用在后文中有详细阐述。

认识醋

醋的种类很多，下面让我们看一看，在我国都有哪些醋吧。

我国幅员辽阔，不同地区就地取材，生产出了不同的醋。北方生产小麦，就用小麦、麸皮酿醋；南方产大米，就用大米酿醋；还有些地方盛产水果，就用水果发酵醋。也有些商家为了减少发酵时间和节约成本，于是市场上就出现了配制醋。

由此可见，醋分酿制醋和配制醋，那么配制醋又是怎么回事呢？

配制醋是国家允许生产的，也并不是不能吃，它的实质是人工合成醋（醋精），是使用醋酸加水稀释的，再加上色素、味精等配制而成，没有酿造食醋的自然香味，更没有酿造醋的营养，因此也不容易发霉变质，这种醋只能调味。生产厂家应在标签上注明配制食醋，常见的有色醋和白醋。

那怎么去辨别配制醋和粮食酿造的醋呢？

一看——先看醋瓶上的标签，正规厂家应在标签上标明是配制醋还是酿造醋；二摇——这是一个小技巧，摇一摇醋瓶，看泡沫变化，泡沫丰富且持久不易散开，这就是粮食发酵的酿造醋，因为它富含氨基酸，而配制的醋就好比水，只要摇一摇，泡沫就消失了；三品——酿制醋柔和有回甘，而且遇高温不会挥发。

“吃醋”的故事

下面请大家先看一段民

间俗语：男人不吃醋，感情不投入，女人不吃醋，家庭不和睦；小孩不吃醋，学习不进步；老人不吃醋，越活越糊涂。

为什么在俗语中，人们会把嫉妒称为“吃醋”呢？

平常我们开玩笑时，经常会调侃某些人爱吃醋，这个“吃醋”和调味料的醋，两者之间又有什么关联呢？

这里也有一个典故：唐太宗为了笼络人心，要给宰相房玄龄纳妾，房玄龄的夫人知道后，坚决不肯，唐太宗就说：“要么赐你一杯毒酒，要么就让房玄龄纳妾，二选一。”想不到房夫人性格刚烈，她端起“毒酒”一饮而尽，其实她喝的不是毒酒，而是酸酸的浓醋，从此嫉妒便和醋结下了不解之缘，“吃醋”也成了嫉妒的比喻语。

醋的妙用

用醋洗脸真的有用吗？

春天，阳光明媚，大家都想享受这灿烂的春光，但是很多人担心皮肤会被晒黑、晒伤。暴露在阳光下的皮肤会接触到紫外线，紫外线会对表皮下的真皮层和胶原蛋白造成伤害，而这种伤害是不可逆转的，经过逐年累积，形成黑色素沉淀。

在日常生活中，醋是调味品，我们时常也会听到醋具有美白、软化皮肤角质层、杀菌的功效。对于用醋来洗脸这件事，有些人半信半疑，不敢轻易尝试。

其实，在我们身边，很多女性朋友都尝试过了，不仅有美白的效果，还能紧肤祛斑，让皮肤富有弹性，可以说用醋洗脸后效果非常好，不过需要坚持。

醋能美容，是因为醋中富含多种营养成分，包括丰富的氨基酸、多种糖类物质、有机酸、维生素和无机盐。醋中的乳酸、氨基酸等，对皮肤有一定的刺激作用，能使血管扩张，增加血液循环，并能杀死皮肤表面的一些细菌，使皮肤变得光润。

那么用醋洗脸，应该怎么洗呢？

我们都知道醋的pH值是偏酸性的，醋酸确实会对老化的皮肤起到软化作用，但是未经稀释的醋会刺激皮肤。所以，要避免直接用未稀释的醋洗脸，最简单的方法就是在醋液中加水，降低浓度后再使用。

如果用水稀释醋液的话，该加多少水呢？

我们每个人面部的皮肤是不一样的，对醋的敏感度、

刺激性都是不同的，所以要因人而异。另外，我们最好选用5°至6°之间的发酵醋，不要用配制醋。

用水稀释过的醋液洗脸，能让皮肤重焕光彩，而且经济实惠，这听起来很吸引人。出于爱美的天性，有些人为了让效果更好、更快，想着是不是可以一天洗三四次呢？一般来讲，早晚各一次就足够了，用醋洗完脸后还要用清水清洗干净才行。

用醋洗脸还有杀菌的功效，如果脸上起了小疱疹（闭合型的粉刺），用醋来杀菌消炎，效果也很好。

醋虽然好，但是它也不是万金油，如果症状没有好转的话，还是建议去咨询医生。都说现在是一个“看脸的时代”，干净的脸、健康的皮肤是非常重要的。

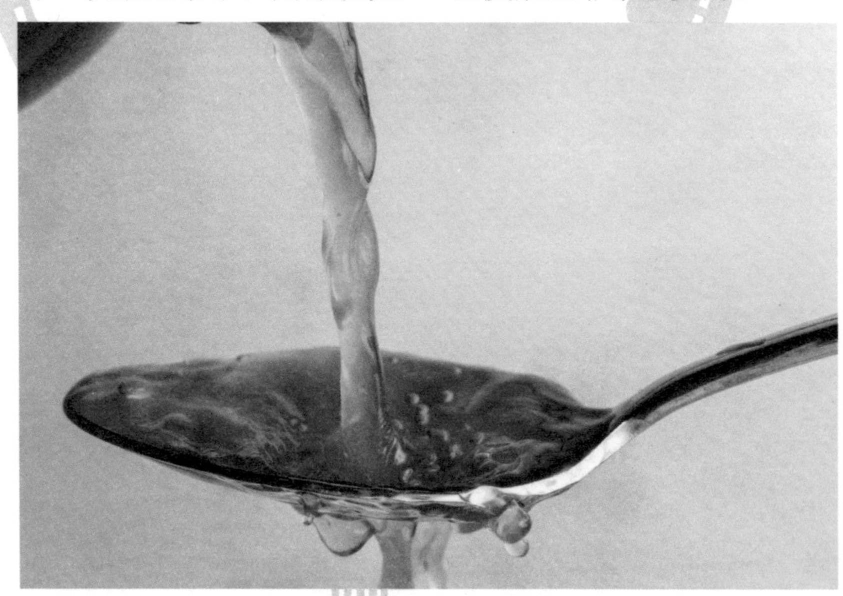

听说醋还能治脚气，这是真的吗？

夏天，令人烦恼的脚气病，还有冬天在户外工作造成的脚和手皲裂。像这两种情况，用原醋（5°以上的发酵醋）直接泡，效果是非常好的，具体方法如下：

每天晚上把四至五瓶醋全部打开倒在盆里，脚和手一起浸泡半小时，泡好后，醋也不要倒掉，可以继续使用，连续使用一个星期，手和脚会变得光洁清爽。

醋不仅可以用来洗脸、泡脚，还可以用来洗头。那么，效果如何呢？

用醋洗头能解决头皮屑、头皮瘙痒等问题。

每次将头发洗干净以后，把原醋直接擦在头皮上，然后用毛巾把头发包起来，半个小时后再用清水冲洗干净就可以了。

有人还提出把醋与甘油混合作为面膜使用。

甘油的学名叫丙三醇，一些化妆品的成分表中也能看到它，甘油可以和水混溶，能吸收空气中的水分，使皮肤保持湿润。

那么，醋和甘油的比例应该是多少呢？

通常的配比是，醋：甘油：水=1：2：4，在夏天的时候，可以适当多加一点儿醋，到了冬天可以多加一点儿甘油。

爱美之心人皆有之，但一个人的美，不能只看脸，更重要的是合理膳食、适度运动、保持愉悦的心情，由内而外的美才是真正的美。

不要忘了醋的食用价

值。醋泡花生、醋泡黑豆都是非常好的食品。醋可以说是百搭的食疗辅助品。

还有很多人用醋泡大蒜来食用。

大蒜本身就含有多种有利于人体健康的物质，它既是调味品，也是我们人体所需的营养品，更是天然植物广谱抗生素，每颗大蒜的成分里面约含有2%的大蒜素，它的杀菌作用可以达到青霉素的十分之一，对很多致病菌都有明显的抑制作用。醋刚好也具有此功效。

大蒜还有助于降低人体血脂，预防和降低动脉脂肪斑块聚集的作用，从而预防心脏病。大家都知道大蒜有异味，但用醋泡大蒜，不但能够减轻大蒜的异味，还能够使大蒜的有效成分溶入醋里面。

被醋泡过的大蒜变绿了，还能吃吗？

有些人发现被醋泡过的大蒜变绿了，以为是变质了，就直接扔掉了。泡在醋里的大蒜为什么会变绿呢？变绿的大蒜还能吃吗？

泡在醋里变绿的大蒜是完全可以放心食用的。

大蒜为什么会变绿呢？这是因为醋可以起到增加大蒜细胞膜通透性的作用，使蒜产生了无毒的蒜蓝素和蒜黄素，蒜兰素和蒜黄素混在一起，就使蒜变成了绿色。蒜蓝素具有抗氧化、延缓衰老的功效。所以，食用变绿的醋泡大蒜不但无毒，还有强身健体的作用。

其实，醋泡蒜中产生蒜蓝素和蒜黄素需要一定的条件，不是所有的醋泡蒜都会变绿。

醋泡大蒜的做法很简单，把大蒜剥皮、洗净、晾干，直接放入装有发酵醋的玻璃或陶瓷容器里（不要放入不锈钢、塑料的容器里，以免容器中有其他物质溶出），也可以根据自己的口味放一点儿糖，千万不要加盐，因为加盐会产生对人体有害的亚硝酸盐。一个星期以后就可以吃了，每次吃两三瓣，长期坚持下去会有很好的养生效果。

如果弄脏了衣服，可以在油渍处滴一点儿醋，然后再用水清洗干净。还有女性喜欢染发，有时会不小心把染发剂弄到衣服上，将醋和肥皂混合在一起使用也能洗掉染发剂。

茶杯用的时间长了，就会有一层厚厚的茶垢，在茶杯里上加一点儿醋，茶垢一下子就会擦掉了。热水瓶的

内胆也是如此，将醋灌入热水瓶里，浸泡数小时，然后用清水洗几次，即可清除水垢。用食醋也可以擦去不锈钢制品上的白斑。

厨房里的菜板也可以用醋来杀菌。清洁木质家具时，只要将醋滴在毛巾上擦拭，家具会变得锃亮。在清除辣椒籽的时候，手会有灼烧感，将醋倒在手上搓洗，可以去除灼烧感。除此之外，醋还能清除洗鱼时沾在手上的鱼腥味。

在去除异味方面，醋有“神奇”的功效。

冰箱里放入的食物品种多了，就会产生异味，只要在抹布上倒上醋去擦拭冰箱，就能除味。

用醋蒸熏房间，能杀菌消毒，预防流感。

醋的用途真是数不胜数，简直就是生活中“万能

剂”，帮助我们解决在生活中遇到的各种小问题。

四、水果酿造的醋

随着当代人对健康越来越重视，各种醋产品也越来越受到消费者的喜爱。而水果酿造的醋，将水果的养生保健功能与醋完美结合，集调味和饮品功能与一身，更具营养价值。

橘子、苹果、莲子、西红柿、红枣等都可以酿醋。用优质橘子为原料生产的橘子醋，富含维生素C、氨基酸、乳酸、苹果酸、柠檬酸、琥珀酸、烟酸等有机酸及矿物质，风味香甜，具有化痰止咳、生津解渴，改善呼吸道的慢性炎症，帮助消化、减轻腹胀，同时还有抗动脉粥样硬化、降低血脂和胆固醇的作用，对于预防心血管疾病大有益处。

白莲醋将莲子的养生保健功能与醋完美结合，集调味和饮品功能于一身，更具营养价值。莲子营养丰富，富含蛋白质和各种维生素、矿物质，具有养心安神、健脑益智、消除疲劳、镇静、强心、抗衰老等作用。白莲醋可以有效地保留白莲中的微量元素和矿物质，特别是其中的锌和硒对提高人体免疫功能、促进生长发育、维持正常生育功能和抗肿瘤具有重要作用。

苹果醋是在经苹果汁发酵而成的醋中再加入苹果汁而成的饮品，并不是厨房里的调味品。苹果醋口味酸中有甜，甜中带酸，既消解了原醋的生醋味，还带有果汁的甜香，喝起来非常爽口。

苹果醋有很好的营养价值，它不仅有护肤作用，而且还能解酒护肝，酒前饮一杯可以抑制酒精的吸收，酒后饮一杯可以解酒防醉。苹果醋是一种口感呈酸性，在人体内代谢后呈碱性的饮料，果香浓郁，酸甜柔和，清爽可口，沁人肺腑。苹果醋富含天冬氨酸、丝氨酸、色氨酸等人体所需的氨基酸成分，以及磷、铁、锌等十多种矿物质，维生素C含量更是苹果的十倍以上。

酱油

酱油

一、酱油的由来

说起酱油，我们应该都不陌生，几乎每个中国家庭都有食用酱油的习惯，不知道充满好奇心的你，有没有思考过酱油是怎么来的呢？

酱油和醋一样，也是地道的“中国孩子”，我国是世界上最早制造和食用酱油的国家，早在周朝时期就有制酱的记载了。

但是在当时，酱油可不是一般百姓能吃得起的，它是皇帝的御用调味品，普通百姓只是听过它的名字。当时酱油之所以贵重，是因为

酱油是用黄豆做的

它是以鲜肉为原料制成的，在那个畜牧业并不发达的年代，鲜肉是十分珍贵的。

后来，人们发现，用大豆也可以制成风味相近、且价格便宜的酱油，此后，酱油才走进寻常百姓家，被广为食用。

让我们来看一看我国的劳动人民是怎么用传统工艺酿造酱油的吧！

依据传统工艺，酿造酱油一般在每年农历四月至五月开始，因为这个季节的温度最适合黄豆发酵。首先要挑选黄豆，去掉那些变质、破碎、发皱的豆子，只留下颗粒最为饱满的。然后用冷水浸泡12小时左右，将泡透的黄豆放入木桶中（饭甑）蒸熟，要特别注意火候，蒸好的大豆不能过生或者过熟，否则会影响酱油的风味。

木桶蒸豆

大豆蒸熟之后，散发出浓浓的豆香味，把大豆放在竹编的箕或席子上摊凉，直到彻底冷却、不烫手为止。

大豆摊凉之后，就要

蒸熟的大豆摊凉

与面粉或者麸皮混合均匀，然后放在竹编曲盘中制曲。在合适的温度、湿度下，让空气中的自然菌种在大豆上生长繁殖，两三天之后，大豆表面就长满了黄绿色的菌体，看起来就像一颗颗长满绒毛的小球——这表示制曲完成了。

手工拌料

将制曲成功的大豆倒入陶瓷大缸中，再加入浓度为18%左右的盐水，盐水的量以刚好没过大豆为准，然后搅拌均匀，接下来就开始了漫长的露晒及发酵过程。

酵池堆积

在露晒过程中，缸要一直露天放置，缸口要用纱布盖住，避免蚊虫、杂物进入，同时还要给大缸准备一个防雨的盖子。天气晴好、阳光充足的日子要打开盖子，让缸内的黄豆充分接受

酵池起出

缸内的黄豆充分享受日光浴

用木制耙子进行搅拌

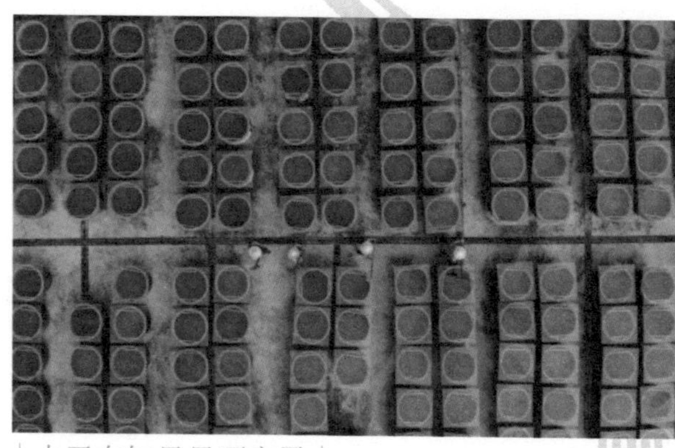
大豆在缸里日晒夜露

“日光浴”，遇到下雨天就盖上盖子，让黄豆在缸内安静地发酵。

十几天之后，大缸表面的大豆在太阳的曝晒之下变成了深褐色，开始散发出淡淡的酱油香味，可是缸下面的大豆还没晒到太阳。这时候就要用木制耙子进行搅拌，把下面的大豆翻上来晒。

就这样，从春季开始，这些大豆就在缸里日晒夜露、历经三伏，在这个过程中，还要根据发酵情况调整搅拌的频率和强度，如果缸中水分不足，就要加入水，直到晒足 180 天，整缸的大豆就变成了酱醪，远远就能闻到浓郁的酱香味，这时酱油发酵过程就完成了。

发酵完成后，在缸中插入竹篓，酱油就会渗入篓内——这是最好的头油。抽取头油之后，再往缸内加入盐水搅拌，然后把酱醪拿出来装进滤袋放入压榨机中，压榨出来的就是色泽红艳、酱香沉郁、口感鲜咸的酱油了。

压榨酱油

现在你一定明白，一颗黄豆变成酱油的过程是多么不容易了。

二、生虫子的酱油

夏天，我们有时候会发现酱油瓶子里长了白色的小虫子，看上去很恶心，这种生了虫子的酱油还能吃吗？

其实，从酱油本身来讲，会生虫子恰恰说明酱油中的防腐剂没有超标。

生小虫子的罪魁祸首是苍蝇。粮食酿造的酱油富含蛋白质和氨基酸，夏季天气炎热，苍蝇的幼虫很容易孵化。所以，用完酱油后，一定要随手盖上瓶盖。

三、酱油会让人变黑?

一直以来，关于吃酱油是否会让人体皮肤变黑的讨论一直没有停止过。那么酱油吃多了，真的会让我们的皮肤变黑吗？

其实，目前并没有科学依据证明，吃酱油能让人的皮肤变黑。我们知道，酱油是用黄豆发酵产生的，跟人体的皮肤变黑与否没有直接关系，人体皮肤变黑其实是黑色素沉淀造成的，酱油不会在体内转化为黑色素，如果发现肤色有变黑的趋势，首先考虑的应该是遗传因素。

生活中，总少不了磕磕碰碰产生的伤口，这时候总会有人提醒，说“有伤口不能吃酱油，因为吃了酱油伤口结疤，周围皮肤颜色会变黑的”。那么吃酱油真的能

让伤口变黑吗？

其实这也是没有科学依据的，伤疤变黑其实也是黑色素沉淀的结果，心情不愉悦、肠道不畅通都容易造成黑色素沉淀。另外，如果我们长期在户外暴晒，皮肤也是会变黑的，所以说伤口恢复后变黑与是否吃酱油无关。

还有一种酱油是用头发做的说法。酱油和头发明明是两样毫无关联的东西，为什么会有用头发做酱油这种说法呢？

在20世纪80年代，我国为了解决生产供应不上需求的问题，允许配置酱油入市，因此就有不法商人，收集头发，并用酸性物质把其中的动物氨基酸分解出来，动物氨基酸和大豆发酵出来的酱油理化指标是一致的，所以，就有了用头发做酱油的这种说法。不过后来，在相关部门的严厉打击下，这种方法被禁止了。

酱油是大豆和小麦发酵的，富含人体内所需的氨基酸。此外，缺铁性贫血是女性的一种常见疾病。对于很多准妈妈来说，她们最担心的就是自己如果患有缺铁性贫血，会不会影响肚子里的宝宝。

其实，缺铁性贫血是很普遍的疾病，全球约有 20% 的人患有这种疾病。孕期女

性如果患有缺铁性贫血的话，很容易影响到下一代的生长发育。

说到补血，人们首先就会想到红枣、动物内脏，那么，这些食物到底能不能补血呢？

以上提到的食物确实可以补血。但是动物内脏吃多了，心血管疾病、胆固醇高等健康问题就会随之而来。

该怎么办呢？其实现在市面上有一种国家疾控中心向全国推广的、很有针对性的铁强化酱油，因为酱油中含有铁的补充剂，很容易解决这个问题。

虽然铁强化酱油能够帮我们解决补血的问题，为我们的身体保驾护航，但是更重要的，还需要我们在日常生活中做到均衡膳食。

四、远去的晒酱记忆

冬腊风腌，蓄以御冬，又到了准备年货的时候，我国的很多地区，在过年时有晒酱油肉、熏腊肉、灌香肠的传统习俗。

记忆中过年前的大街小巷，家家户户房前屋后窗檐的晒竿上，都能看见一串串色泽金黄、油光泛亮的酱油肉，看到这些就知道离过年不远了。

人们都说现在的“年味”越来越淡，那为何不自己动手，打上一壶好酱油，晒几块酱油肉，回味一下儿时过年的感觉呢？

酱油肉制作过程：

步骤一：

选材：选择优质猪后腿肉（前腿肉、后腿肉和五花肉是晒制酱油肉的最佳食材，可以根据个人的口味选取）。

步骤二：

配料：酱油、白糖和白酒。

步骤三：

腌制：将肉和配料放入腌制容器中，大约浸泡5—6个小时，视肉的厚度控制时间。浸泡时可以隔一段时间，揉捏搅拌一下，以使酱料的味道进入肉质内部。

步骤四：

晾晒：腌制完成后，将酱油肉用线穿好，悬挂在屋顶、阳台等通风处（酱油肉尽量不要在尼龙绳上挂晒，容易产生毒素，用竹绳或者草绳都可以）。如果阳光充足，一般晒3—4天就可以了。晾晒完成的标准一般以表面干燥、肉质保持弹性为佳。

步骤五：

保存：酱油肉的保存方法不一，一般都是将晒好的肉切成若干小段，再用保鲜袋装好，放入冰箱冷藏。每次食用前取出一小段洗净、

晒酱油肉

食用即可。

酱油肉虽然也是腌制食品，但是不同于火腿，腌制过程没有采用可以快速脱离水分的食盐，而是口味更缓和的酱油，并且加入了白糖和白酒，使得肉的风味别具一格。

酱油肉口感温和，可以蒸着吃，也可以作为炒菜的辅料，无论怎样制作都是美味。

五、一段关于酱油瓶的回忆

酱油浇浇，
猪油挑挑，
肚皮摸摸，
嘴巴舔舔！

对于20世纪80年代前出生的南方人来说，这是一首再熟悉不过的童谣。一碗热气腾腾的米饭，浇上少许酱油，加上一勺猪油，再一拌，这一碗香喷喷的酱油拌饭，不知曾经勾起多少孩子的口水。

下面是一个经历过那个时代的人，对于那段时光的回忆：

在那个物质相对匮乏的年代，酱油在每个家庭的日常生活中有着不可替代的作用，它不仅是调味品，更多的是美食的代名词。相信在那个年代成长的人，都有一段替父母打酱油的回忆。

谈到打酱油，一定会想到打酱油的容器。听祖父说，他小时候家里用毛竹筒打酱油（选两三节又粗又长

| 挑着酱油的酱油郎 |

的老毛竹，把中间竹节打通的竹筒），快过年的时候，到府前酱园[1]，或南北百货店去打，一般一年只打一次，可以说，当时的酱油很是金贵。

到了父亲那一代，打酱油的容器换成了瓦罐或大的扁塑料壶了。二十世纪七十年代之前，由于交通条件的限制，刚出厂的酱油都用老杉木制成的圆形木桶盛装，每桶有60公斤左右。每天早上，由县搬运公司的工人用手拉车送到县烟糖公司下属的丽阳门、府前、大水门等门市部和小水门、左渠门、三坊口、府前菜场等代销店或酱菜店。

① 在浙江丽水。

竹制的酒提

打酱油的漏斗和提子

打酱油容器——毛竹筒

到了1976年，为响应农村供销社和城里各门市部开展的“学雷锋，送货上门”活动，厂里增加了坛装酱油，用的是陶瓷酒坛，每坛净重50斤。父亲说，他小时候都是到附近供销社去打，在那时，家里总是不舍得吃酱油，只有等过节或是家里做红烧肉时才会用一点儿。

到了20世纪70年代末，随着物质生活水平逐渐提高，酱油也进入更多的百姓家，这时我已经六七岁了，打酱油的任务毫无悬念地落在了我的身上，当时打酱油有两种方式：一种是去代销店打，另一种是去挑着酱油，满街吆喝“酱油……酱油哎”的卖酱人那里打。只要听到吆喝声，人们就纷纷拎着瓶子出门了。

这时候，盛酱油的容器已经变成玻璃瓶了，很多都是替代用瓶。人们目不转睛地盯着打酱油的人，用大小不一的酒提，一提一提地从酱油坛中打出酱油，用漏斗灌到瓶子里。有时候，酱油会漏到瓶子外面，我就用手指头小心翼翼蘸起来，放到嘴里。等到我弟弟会打酱油的时候，家里已经换用可乐瓶了。可以说，打酱油是我们童年时的快乐时光之一。

打酱油容器——瓦罐或大的扁塑料壶

酱油郎走街串巷吆喝卖酱油了

| 打酱油容器——可乐瓶和玻璃瓶 |

到了下一代，打酱油似乎和以前不一样了，严格地说已经不能叫打酱油了，因为散装酱油越来越少，取而代之的是超市中随处可见的瓶装或袋装酱油，酱油在家庭生活中的地位也不似以往那般了，打酱油也就渐渐失去了乐趣。

进入21世纪，随着社会经济的发展、人们消费水平的提高以及消费观念与生活习惯的转变，酱油这个舌

| 猪油酱油拌饭 |

尖上的调味品，也呈现出明显的消费升级趋势，逐步向高端化、细分化、品牌化发展。现在，超市货架上的酱油品种繁多，有营养强化的，有专门针对不同菜品的，还有有机产品等，让消费者有了更多的选择。酱油这个小产品越来越趋向专业化、功能化，说明了市场需求的不断变化和增长。

从一碗珍贵的酱油拌饭到现在超市中功能多样化的酱油，从过去家家户户打酱油，到现在便捷的网购，这些儿时的美好印记和退出历史舞台的老物件，既是时代变迁的无声历史见证者，也展示了改革开放的几十年历程中，人们的饮食从温饱到安全健康，再到注重保健养生的良性转变。

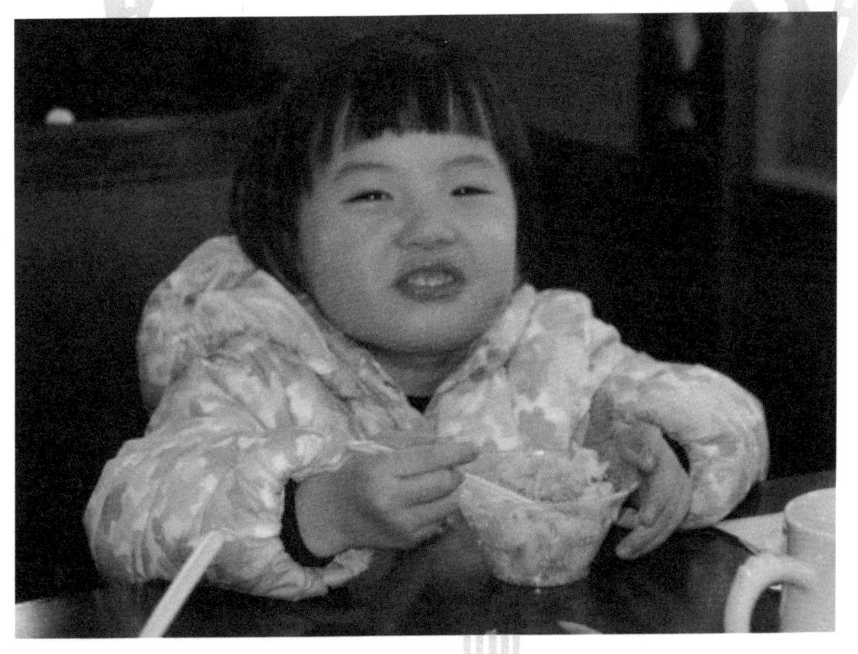

|酱油拌饭，一代人的儿时记忆|

亲爱的小朋友们，如果你有机会的话，可以和爸爸妈妈一同品尝酱油拌饭，并和他们一起回味那岁月留年的沉淀。

结语

结语

酿造文化历经数千年的传承和创新，才形成了今天遍布全国、种类繁多的各类酿造食品，才能让我们在商场的货架上看到琳琅满目的商品。正是这些凝聚着先人智慧的酿造产品，给天然的食材赋予了更上一层楼的味觉感受，使得我们的中华餐饮文化享誉世界。

从最初的猿酒到今天的茅台、五粮液等享誉世界的名酒，从先民酿酒时无意间得到的醋，到今天全国知名的山西陈醋、镇江香醋、处州米醋，从上古时期的肉糜酱到现在各大型酿造企业生产的各种口味的酱油，酿造食品的发展见证了人类社会的不断进步。

在数千年的酿造技艺传承中，除了传说中的杜康、黑塔等著名人物，还留下了精湛的技艺和可贵的匠人精神。由此可见在调味品的传承历史中，起到决定性作用的不是任何一个名人，而是千千万万的无名酿造工匠。正是劳动人民的智慧和勤劳，才让酿造食品从无到有、从粗到精、从单一到多样。

随着时代的发展，各种各样的现代高科技手段逐渐取代传统技艺，传承了数千年的传统酿造技艺正面临失传的境遇。如何将现代科学技术和传统酿造技艺完美结合，是当前酿造工匠亟待解决的问题之一。

至今，仍有一小部分酿造工匠在默默地传承和发扬传统的酿造技艺，并积极申报非物质文化遗产，对这些技艺加以保护。目前，全国已有多项传统酿造技艺被列入国家非物质文化遗产名录。

亲爱的小朋友们，希望你们通过阅读本书，对我国的酿造食品生产工艺有一个深入了解，能够爱上让我们味蕾更加丰富的这项传统工艺，更希望将来能有人成为酿造行业中的一员。

图书在版编目（CIP）数据

酿造 / 陈旭东著 ; 孙冬宁，沈华菊本辑主编. -- 哈尔滨 : 黑龙江少年儿童出版社，2020.12（2021.8 重印）
（记住乡愁 : 留给孩子们的中国民俗文化 / 刘魁立主编. 第十二辑，民间技艺辑）
ISBN 978-7-5319-6507-7

Ⅰ. ①酿… Ⅱ. ①陈… ②孙… ③沈… Ⅲ. ①酿造一中国一青少年读物 Ⅳ. ①TS26-49

中国版本图书馆CIP数据核字(2021)第004599号

记住乡愁——留给孩子们的中国民俗文化　　刘魁立◎主编

第十二辑 民间技艺辑　　孙冬宁　沈华菊◎本辑主编

酿造 NIANGZAO　　陈旭东◎著

出 版 人：商　亮
项目策划：张立新　刘伟波
项目统筹：华　汉
责任编辑：张　喆　张愉晗
整体设计：文思天纵
责任印制：李　妍　王　刚
出版发行：黑龙江少年儿童出版社
（黑龙江省哈尔滨市南岗区宣庆小区8号楼 150090）
网　　址：www.lsbook.com.cn
经　　销：全国新华书店
印　　装：北京一鑫印务有限责任公司
开　　本：787 mm×1092 mm　1/16
印　　张：5
字　　数：50千
书　　号：ISBN 978-7-5319-6507-7
版　　次：2020年12月第1版
印　　次：2021年8月第2次印刷
定　　价：35.00元